U0396869

垃圾分类

市民读本

上海东方宣传教育服务中心 编

上海人民出版社

序

潘 敏
中共上海市委宣传部副部长
市文明办主任

  环境问题及其改善已是当下全球关注的焦点之一。而其中我们国家正在全面推行的垃圾分类又事关我们每个人，是一件全民参与的事情，关系中国 13 亿多人生活环境的改善。垃圾分类的进展折射了社会文明程度和城市管理水平。全面推行生活垃圾分类、提升垃圾治理水平是上海推进可持续发展、加强城市精细化管理、建设卓越的全球城市必须破解的难题。2018 年 11 月，习近平总书记在上海考察时强调，垃圾分类工作就是新时尚！垃圾综合处理需要全民参与，上海要把这项工作抓紧抓实办好。

  上海市自 2000 年成为国内首批生活垃圾分类收集试点城市以来，经过多年努力，尤其是环卫、宣传系统及街道干部群众已开展了许多基础性工作，为垃圾全程分类奠定了坚实的基础，并在社会上形成了一定的共识。目前，上海市正以党的十九大精神为指引，全面贯彻习近平总书记视察上海重要讲话精神和普遍推行垃圾分类制度的重要指示，以生活垃圾"减量化、资源化、无害化"为目标，对标国际"最高标准、最好水平"，遵循"全生命周期管理、全过程综合治理、全社会普遍参与"理念，形成以法治为基础，政府推动、全民参与、市场运作、城乡统筹、系统推进、循序渐进的上海市生活垃圾管理体系，全面提高实效，加快建成生态之城。

  2019 年 1 月 31 日，上海市十五届人大二次会议表决通过《上海市生活垃圾管理条例》，条例将于 2019 年 7 月 1 日正式施行，此举

标志着上海生活垃圾分类进入常态化、法治化轨道。中共上海市委书记李强在生活垃圾分类工作动员大会上强调，要强化全面推行生活垃圾分类的行动自觉，全面动员，全民参与，凝聚全社会共同推进的强大合力，打赢打好生活垃圾攻坚战、持久战。

2019年，上海市将举办以垃圾分类及《条例》普法为主题的"十、百、千、万"系列活动，促进形成人人知晓、普遍参与垃圾分类的社会氛围。为配合全市垃圾分类工作，为上海市民在家庭、单位和公共场所产生的生活垃圾如何分类投放提供指导，上海东方宣传教育服务中心组织编写了《垃圾分类市民读本》。本书以生活和工作区域为划分依据，分为居住区、单位和公共场所三大类，其中因为居住区产生的生活垃圾量多且较难区分，市民们又对垃圾分类普遍存在着如何分的困惑，而有针对性地对居住区的垃圾分类作了图文并茂的细致重点解读。如果您对于生活垃圾的分类存在疑问，可以通过查询本书获得解答。

上海市生活垃圾全程分类体系建成的第一步，也是最关键的一步就是生活垃圾的分类投放，垃圾分类投放会大大减少后续分类收集、运输、处置的时间与成本。垃圾分类投放不仅利国利民，与每一位市民息息相关，而且也是大家力所能及的事情，只要每一位市民在自己生活与工作的区域做好垃圾分类并坚持分类投放，就会为上海市尽早建成生活垃圾全程分类体系、改善我们的环境增添一份力量。

目 录

序 / 1

第一章 垃圾分类知识汇集 / 1

可回收物是什么？

投放可回收物时需要注意什么？

如何进行可回收物网上预约操作？

有害垃圾是什么？

湿垃圾是什么？

投放湿垃圾时需要注意什么？

干垃圾是什么？

为什么要对生活垃圾进行分类管理？

为保障垃圾的分类收集、运输，垃圾收集运输单位应当符合哪些基本要求？

在哪些区域会实现生活垃圾分类？

如何了解垃圾分类知识？

小贴士

第二章 居住区的垃圾分类 / 17

居民家中是不是也要相应设置可回收物、有害垃圾、湿垃圾、干垃圾四个分类垃圾桶呢？

既然家里主要做好干湿分类，那需要用干湿垃圾袋进行垃圾分类吗？

食品类 / 21

所有的厨余垃圾都属于湿垃圾吗？

零食和零食包装怎么扔？

饮料和饮料容器怎么扔？

冲泡饮品残渣怎么扔？

调味品和调味品容器怎么扔？

水果都属于湿垃圾吗？

塑料、玻璃、陶瓷类制品 / 26

塑料制品都属于可回收物吗？

目录

塑料袋怎么扔？

塑料饮料瓶要把瓶盖、瓶身和瓶身上的塑料纸分开扔吗？

磁带、录像带、CD、DVD、X 光片怎么扔？

小孩子不用的玩具怎么扔？

玻璃瓶罐怎么扔？玻璃打碎了怎么扔？

报废的热水瓶属于什么垃圾？

不用的或者破碎的陶瓷花盆属于什么垃圾？

电子、电器类 / 32

手机、电脑等电子产品怎么扔？

充电电池、蓄电池、纽扣电池属于什么垃圾？

废弃的榨汁机属于什么垃圾？

废弃的电热水壶属于什么垃圾？

荧光灯、节能灯、白炽灯泡怎么扔？

废弃的数据线属于什么垃圾？

电蚊香器和用过的电热蚊香片或者电热蚊香液属于哪一类垃圾？

药品、化妆品类 / 37

过期的药品怎么扔？

水银体温计属于什么垃圾？

过期的化妆品怎么扔？

使用完的面膜纸、使用过的酒精棉属于什么垃圾？

纸类、织物类 / 40

报纸、书本怎么扔？

使用过的厕纸、尿不湿、卫生巾、卫生护垫怎么扔？

湿纸巾是湿垃圾吗？

擤过鼻涕的餐巾纸有病毒，属于有害垃圾吗？

旧衣物怎么扔？

其他 / 45

目 录

宠物垃圾怎么扔？

打火机属于什么垃圾？

烟头属于什么垃圾？

杀虫剂罐怎么扔？

清扫后收集起来的灰土如何处理？

落发、碎发属于什么垃圾？

小贴士

第三章　单位的垃圾分类　/ 51

在单位中，应当如何设置垃圾桶？

办公设备类　/ 55

淘汰的电脑属于什么垃圾？

淘汰的办公桌、椅子属于什么垃圾？

办公用品类　/ 56

废纸怎么扔？

碎纸机处理过的碎纸是可回收物吗？

铅笔、圆珠笔应该怎么扔？

单位打印机里废弃的硒鼓属于什么垃圾？

用完的墨水瓶属于什么垃圾？

废弃的塑料或者金属文件夹属于什么垃圾？

废弃的收纳盒属于什么垃圾？

其他　/ 61

快递包装怎么扔？

外卖餐盒怎么扔？

为何不用一次性纸杯泡茶，陶瓷杯使用完还要清洗，多不方便呀？

家养或办公室里的花卉绿植属于什么垃圾？

小贴士

目 录

第四章 公共场所的垃圾分类 / 67

画室里用剩的颜料属于什么垃圾？

装咖啡、奶茶的纸杯是可回收物中的废纸吗？

医院里使用的医用针头属于可回收物吗？

外卖餐饮不提供一次性筷子了吗？

烤肠、鱿鱼的签子属于什么垃圾？

公共场所只有干垃圾和可回收物投放容器，产生果核、果皮怎么办？

一般塑料容器的底部都会标有一个三角形，且里面有数字 01-07，分别代表什么意思呢？

将饮料塑料瓶重复利用，符合环保理念吗？

小贴士

第五章 垃圾分类之后的那些事 / 79

生活垃圾分类后会如何处理？

可回收物如何收运和处置？

有害垃圾如何收运和处置？

湿垃圾如何收运和处置？

干垃圾如何收运和处置？

如果市民们对某类物品的类别归属不清楚，该怎么办？

餐饮服务、单位供餐等活动中产生的餐厨垃圾和餐厨废弃油脂，也和家庭餐厨废弃物一样处理吗？

垃圾不分类投放会被处罚吗？

附录 / 89

生活垃圾分类目录

常见物品分类列举

一般可回收物列举

低价值可回收物列举

不宜列入可回收物的垃圾品种

第一章

垃圾分类知识汇集

上海市生活垃圾分类

上海市生活垃圾分为可回收物、有害垃圾、湿垃圾、干垃圾四类，各类垃圾要丢进相应的垃圾桶，可以根据颜色进行区分：

可回收物记材质——
玻、金、塑、纸、衣；

有害垃圾记口诀——
药（要）油（有）电灯；

湿垃圾记原则——
易腐烂、易粉碎；

其余都是干垃圾！

可回收物是什么？

可回收物，是指废纸张、废塑料、废玻璃制品、废金属、废织物等适宜回收、可循环利用的生活废弃物。（一般可回收物、低价值可回收物、不宜列入可回收物的垃圾品种见本书附录。）

投放可回收物时需要注意什么？

投放可回收物时，需要注意：

1. 轻投轻放；

2. 清洁干燥，避免污染；

3. 废纸尽量平整；

4. 立体包装需清空内容物，清洁后压扁投放；

5. 有尖锐边角的，应包裹后投放。

如何进行可回收物网上预约操作？

1 >

城市服务

点击进入
城市服务

2

生活服务

垃圾分类回收

< 3

办事大厅

更多服务

4

垃圾分类回收
回收地址

废弃家电回收

我要
回收

有害垃圾是什么？

有害垃圾，是指废电池、废灯管、废药品、废油漆及其容器等对人体健康或者自然环境造成直接或者潜在危害的生活废弃物。

湿垃圾是什么？

湿垃圾，即易腐垃圾，是指食材废料、剩菜剩饭、过期食品、瓜皮果核、花卉绿植、中药药渣等易腐的生物质生活废弃物。

投放湿垃圾时需要注意什么？

投放湿垃圾时应注意做"破袋"处理，即直接将湿垃圾扔入湿垃圾收集容器，垃圾袋则放入干垃圾收集容器。

干垃圾是什么?

干垃圾,即其他垃圾,是指除可回收物、有害垃圾、湿垃圾以外的其他生活废弃物。

为什么要对生活垃圾进行分类管理？

垃圾分类管理可以提高生活垃圾回收和资源化利用效率，从而减少生活垃圾焚烧、填埋过程中产生的空气和水体污染，降低填埋场等垃圾处理设施对土地的占用，优化人居环境，保障城市生态。推行垃圾分类管理，还能引导社会公众积极参与生态文明建设，提高全社会的环保意识和公德意识。

为保障垃圾的分类收集、运输，垃圾收集运输单位应当符合哪些基本要求？

从事有害垃圾、湿垃圾、干垃圾经营性收集、运输单位应取得生活垃圾经营服务许可证；分类收运＋专车专用＋清晰标识＋密闭运输＋在线监测。

分类收运

＋

专车专用

＋

清晰标识

＋

密闭运输

＋

在线监测

生活垃圾经营服务许可证

如何了解垃圾分类知识？

一是积极参与各类垃圾分类的主题宣传活动，如：垃圾分类宣传日、绿色账户积分兑换等；

二是阅读各类垃圾分类宣传资料，如：知识读本、分类指引、指导手册等；

三是通过广播电视报刊等了解垃圾分类相关讯息；

四是通过微信公众号等关注、查询、帮助监督。

1. 难以辨识类别的生活垃圾可以投入干垃圾容器。

2. 之所以要区分干湿垃圾，是因为干垃圾、湿垃圾适宜的处置工艺不同，干垃圾一般通过焚烧等方式进行无害化处置，而湿垃圾则通过生化处理、产沼、堆肥等方式进行资源化利用或者无害化处置。

第二章

居住区的垃圾分类

居民家中是不是也要相应设置可回收物、有害垃圾、湿垃圾、干垃圾四个分类垃圾桶呢？

居民在家中每日产生的垃圾须做好干湿分类，准备干、湿两个垃圾桶即可。可回收物比较洁净，可单独堆放收集，直接或交由保洁员纳入再生资源回收系统；有害垃圾由于产生频率低、产生量很小，每次产生时，直接分类投放至小区有害垃圾收集容器即可。

既然家里主要做好干湿分类，那需要用干湿垃圾袋进行垃圾分类吗？

不一定。居民购买干湿垃圾袋进行垃圾分类是自愿行为，目前居民只要自觉、坚持垃圾分类，用任何垃圾袋都是可以的。但在投放垃圾时，塑料袋应作为干垃圾分开丢弃。

所有的厨余垃圾都属于湿垃圾吗？

并不完全是，厨余垃圾中比较难以腐烂的废弃物属于干垃圾，如大骨头、贝壳等，而鱼刺、鸡骨、小龙虾壳等则属于湿垃圾。家庭有厨余处理器的，餐厨垃圾可以通过厨余处理器处理，如果没有厨余处理器的，鼓励居民直接将餐厨垃圾扔入湿垃圾收集容器，垃圾袋则放入干垃圾收集容器，做"破袋"处理。

零食和零食包装怎么扔？

像薯片袋这样的零食外包装，是由两种以上的复合材料制成，属于干垃圾；袋中吃剩的零食属于湿垃圾；零食中的干燥剂属于干垃圾。

干垃圾

湿垃圾

21

饮料和饮料容器怎么扔?

纯流质的饮料包装丢弃前,应该先把喝剩的饮料直接倒掉。易拉罐包装的属于可回收物,回收再利用后,可成为炼钢脱氧剂、再生铝锭、合金配料原料,也可以熔炼成原牌号(3004)的铝合金,直接用于生产易拉罐。牛奶盒、玻璃罐、塑料瓶也都是可回收物。含有果肉等非流质的部分作为湿垃圾丢弃。

调味品和调味品容器怎么扔?

过期或废弃的辣酱、沙拉酱等酱料，糖、盐、味精、胡椒粉等调味料属于湿垃圾，应倒入湿垃圾容器，废弃的食用油属于纯流质的食物垃圾，应该直接倒入下水口。调味品的玻璃包装瓶属于可回收物，玻璃瓶洗净后放入可回收物容器。调味品的塑料包装则属于干垃圾。

湿垃圾
HOUSEHOLD FOOD WASTE

可回收物
RECYCLABLE WASTE

干垃圾
RESIDUAL WASTE

水果都属于湿垃圾吗？

一般的水果果肉、果皮、果核（如易腐烂的果皮、花生壳、瓜子壳）都属于湿垃圾范畴，所以应当将其投放至湿垃圾容器内。榴莲壳、椰子壳、牛油果核等特别坚硬，既不易腐烂，也难以粉碎，不利于湿垃圾堆肥处理，属于干垃圾，需要投放至干垃圾容器内。

干垃圾
RESIDUAL WASTE

湿垃圾
HOUSEHOLD FOOD WASTE

磁带、录像带、CD、DVD、X光片怎么扔?

磁带、录像带、CD、DVD、X光片等属于**有害垃圾**，其感光材料废物中含有有害成分，如果处置不当，会对环境和人身造成潜在危害。

小孩子不用的**玩具**怎么扔？

塑料玩具，如摇摇车，玩具车等属于可回收物。毛绒玩具也属于可回收物，回收后可以制成再生纤维，达到资源循环利用的目的。儿童使用的轻质粘土、橡皮泥等属于干垃圾。

可回收物
RECYCLABLE WASTE

干垃圾
RESIDUAL WASTE

玻璃瓶罐怎么扔？
玻璃打碎了怎么扔？

玻璃制品属于**可回收物**，废玻璃再利用，可以节约能源。玻璃制品投放时请冲洗干净再投放至可回收容器中，注意轻投轻放，破损或有尖锐边角的玻璃制品请包裹后再进行投放；玻璃制品也可收集起来直接纳入再生资源回收系统。

可回收
RECYCLABL

充电电池、蓄电池、纽扣电池属于什么垃圾?

充电电池、蓄电池、纽扣电池处置不当会对环境造成严重污染,属于有害垃圾,投放时务必投放到有害垃圾收集容器中。废旧的一次性干电池属于干垃圾。

荧光灯、节能灯、白炽灯泡怎么扔？

荧光灯管中含有荧光粉和汞，节能灯又叫紧凑型荧光灯，内部注入了汞，两者都属于**有害垃圾**，请连带包装或包裹轻放丢弃，避免破碎。灯管破损后，汞会外泄，汞是挥发性重金属，应妥善投放。白炽灯泡也属于**有害垃圾**。但是，荧光棒是**干垃圾**。

过期的**药品**怎么扔?

过期药品属于**有害垃圾**,请连带包装容器一起投放至有害垃圾收集容器中,也可投放到药房或医院的废旧药品回收箱。不恰当地处置过期药品,会对环境造成污染,一些可能具有致敏性的过期药还可能成为过敏原,比如磺胺类、青霉素类药品。药品外包装用的纸盒等属于可回收物。

废旧药品回收箱

有害垃圾
HAZARDOUS WASTE

37

过期的**化妆品**怎么扔？

过期的化妆品属于**干垃圾**。使用完的护肤品与化妆品的瓶子一般是塑料或者玻璃制品，属于可回收物。但指甲油和卸甲水属于**有害垃圾**。

使用完的**面膜纸**、使用过的**酒精棉**属于什么垃圾？

干垃圾。

干垃圾
RESIDUAL WASTE

报纸、书本怎么扔?

报纸、书本有极高的回收利用价值,脱墨后打成纸浆可制成再生纸,请投放至**可回收物**收集容器。但是报纸等如果被油污污染了就不利于资源再利用,污损严重的纸张请投放至**干垃圾**收集容器。

可回收物
RECYCLABLE WASTE

干垃圾
RESIDUAL WASTE

使用过的厕纸、尿不湿、卫生巾、卫生护垫怎么扔?

干湿垃圾并不是根据含水量来进行区分的，使用过的厕纸、尿不湿、卫生巾、卫生护垫都属于干垃圾。

干垃圾
RESIDUAL WASTE

旧衣物怎么扔?

衣服、毛巾、棉被等都属于**可回收物**。回收后可以制成再生纤维，而再生纤维还可以制成多种产品，如无纺布等。需要注意的是，内衣、丝袜等，由于用途特殊，没有回收价值，是**干垃圾**。

可回收物
RECYCLABLE WASTE

44

宠物垃圾怎么扔?

猫砂是**干垃圾**,用过的和没用过的都属于干垃圾,丢弃时尽量选择较为干燥的状态。宠物粪便不应进入垃圾处理系统,而是应该进入到城市粪便处理系统。例如,"铲屎官们"可以将粪便带回家中,通过抽水马桶处理。

干垃圾
RESIDUAL WASTE

杀虫剂罐怎么扔?

杀虫剂一般含有有机磷类、有机氧类和氨基甲酸脂类的杀虫成分,为毒性物质,请投放至有害垃圾收集容器。

有机磷类

有机氧类

氨基甲酸脂类

有害垃圾
HAZARDOUS WASTE

1. 对于实在难以辨别的生活垃圾，可投入干垃圾容器内。

2. 大部分可回收物品的包装上都会有"可回收标志"，如牙刷、铅制牙膏皮等，投放前可注意观察，参考投放。如不清楚，可以通过"上海发布""垃圾去哪儿了"等微信公众平台进行查询。

3. 沙发、床垫、衣橱、书柜、茶几等大件垃圾是不可以和生活垃圾混合投放的，可以预约可回收物回收经营者进行回收，或者统一堆放到小区指定的大件垃圾集中堆放处。同时还建议进行木料类、金属类、皮质织物类、玻璃制品类的区分。

第三章

单位的垃圾分类

垃圾分类宣传栏

机关事业单位中，建立垃圾分类工作目标责任制，将垃圾分类工作纳入各单位年终绩效考核、创建文明单位等重要内容。

在单位中，应当如何设置垃圾桶？

单位应当设置可回收物、有害垃圾、湿垃圾、干垃圾四类收集容器。按照场所不同合理配置：生活垃圾收集运输交付点配置有害垃圾、可回收物、湿垃圾（有食堂或就餐区域的单位）和干垃圾分类收集容器。食堂或就餐区域设置湿垃圾和干垃圾收集容器，可根据垃圾产生情况增设可回收物收集容器；办公或生产经营场所内设置可回收物、有害垃圾和干垃圾收集容器。有害垃圾、可回收物收集容器一般设置于方便投放的公共区域，每个办公楼（层）至少设置一处，或明确指定投放地点；干垃圾收集容器根据原投放习惯合理设置。各单位可根据垃圾产生情况增设湿垃圾收集容器。

电脑外壳、内置的芯片等都有可回收价值，废弃的网线和数据线内一般有可回收的金属，但外层包裹的胶皮并不属于可回收物，建议通过回收 APP 预约专门的回收经营者进行回收，做专业处理。
机关单位等的废弃电器电子类产品的回收处置，应严格按照国有资产管理的相关规定处置。

淘汰的电脑属于什么垃圾？

淘汰的办公桌、椅子属于木质类的大件垃圾，不与生活垃圾混合，可以预约专业企业进行回收或者统一堆放到单位指定的大件垃圾集中堆放处。

淘汰的办公桌、椅子属于什么垃圾？

废纸怎么扔?

废纸有较高的回收利用价值,脱墨后打成纸浆制成再生纸。建议尽量双面打印、复印。废纸虽然属于可回收物,但是如果被油污污染了就不利于资源再利用,污损严重的纸张请投放至干垃圾收集容器。

可回收物
RECYCLABLE WASTE

碎纸机处理过的碎纸是可回收物吗?

一般而言,碎纸机处理过的碎纸可以回收利用。

铅笔、圆珠笔应该怎么扔？

现在的铅笔不含铅，而是用石墨和粘土制造的，属于干垃圾。圆珠笔本身循环利用的价值不高，循环利用后的市场价值很低，所以相比可回收物，归为**干垃圾**比较合适。

干垃圾
RESIDUAL WASTE

单位打印机里废弃的硒鼓属于什么垃圾?

使用过的硒鼓由于带有感光材料，属于有害垃圾。

感光材料

有害垃圾
HAZARDOUS WASTE

59

快递包装怎么扔?

收发室

为保护个人信息，请先消除个人信息，再拆掉包装上的胶带，压扁纸箱后投放到可回收物收集容器或者集中卖给废品回收站。胶带记得投放至干垃圾收集容器。绝大部分的快递纸箱都是瓦楞纸箱，是可以回收再利用的，可以直接卖到废品回收站，也可以压扁后投放到可回收物收集容器。

可回收物
RECYCLABLE WASTE

小贴士

1. 尽量不使用一次性签字笔、圆珠笔，提倡使用能够更换笔芯的笔。
2. 尽量使用可重复使用的打印机墨盒及硒鼓。
3. 纸张尽量双面书写、双面打印。

第四章

公共场所的垃圾分类

画室里用剩的颜料属于什么垃圾?

水彩颜料、油画颜料、丙烯颜料等都属于干垃圾,油漆颜料属于有害垃圾。

装咖啡、奶茶的纸杯是可回收物中的废纸吗?

纸杯请投放到干垃圾收集容器。纸杯表面压了一层极薄的塑料膜,这层膜在后期处理时很难进行剥离,所以连带纸杯也失去了再利用的价值。没有喝完的奶茶,建议先沥干水分,如果有固态残渣,可以先丢弃在湿垃圾收集容器内,然后再将奶茶杯扔进干垃圾收集容器。

干垃圾
RESIDUAL WASTE

医院里使用的医用针头属于可回收物吗?

不是，这属于医疗垃圾。

医疗垃圾

外卖餐饮不提供一次性筷子了吗?

您好! 2019 年 7 月 1 日起,上海市内餐饮服务提供者或者餐饮配送服务提供者不得主动向消费者提供一次性的筷子、调羹等餐具,违反者将会受到处罚(五百元至五千元)。旅馆经营单位也不得向消费者主动提供客房一次性日用品。

烤肠、鱿鱼的签子属于什么垃圾?

吃完烤肠、鱿鱼的签子属于干垃圾,但是还未吃完的话,残余的烤肠、鱿鱼就属于湿垃圾。

干垃圾
RESIDUAL WASTE

湿垃圾
HOUSEHOLD FOOD WASTE

公共场所只有干垃圾和可回收物投放容器，产生果核、果皮怎么办？

调查显示，道路、车站等公共场所产生的垃圾主要集中在干垃圾和可回收物。作为文明之都的上海，不鼓励市民在公共场所进食，比如在《上海市轨道交通乘客守则》中就有"不得在列车车厢内饮食"的要求。

一旦在公共场所产生了湿垃圾，请携带至有湿垃圾投放容器的地方进行投放。

一般塑料容器的底部都会标有一个三角形，且里面有数字 01-07，分别代表什么意思呢？

"01" ——PET

（聚对苯二甲酸乙二醇酯） 矿泉水瓶、碳酸饮料瓶都是用这种材质做成的。

"02" ——PE-HD

（高密度聚乙烯） 盛装清洁用品、沐浴产品的塑料容器、超市和商场中使用的塑料袋多是此种材质制成。

"03" ——PVC

（聚氯乙烯） 这种材质的塑料制品易产生有毒有害物质，所以使用时请勿受热。

"04" ——PE-LD

（低密度聚乙烯） 保鲜膜、塑料膜等都是这种材质。

"05" ——PP

（聚丙烯） 微波炉餐盒采用这种材质制成，这是唯一可以放进微波炉的塑料盒，在小心清洁后可重复使用。

"06" ——PS

（聚苯乙烯） 这是用于制造碗装泡面盒、发泡快餐盒的材质。

"07" ——PC

被大量使用的一种材料，尤其多用于制造奶瓶、太空杯等，使用时不要在阳光下直晒。

将饮料塑料瓶重复利用，符合环保理念吗？

饮料瓶不能循环使用。这种 PET 材料耐热至 70℃，只适合装暖饮或冻饮，装高温液体或加热则易变形，对人体有害的物质会溶出。并且，科学家发现，这种塑料制品用了 10 个月后，可能释放出致癌物，对人体具有毒性。因此，饮料瓶等用完了就丢掉，不要再用来作为水杯，或者用来做储物容器盛装其他物品，以免引发健康问题得不偿失。

可回收物
RECYCLABLE WASTE

1. 自助餐场合中，请按需自取，避免造成食物浪费，减少湿垃圾的产生。

2. 在菜场或者超市采购时，尽可能自带菜篮，少使用塑料袋。再如自带可循环利用购物袋，尽量避免使用新塑料袋。

3. 旅游时，建议自带可重复使用的杯子、洗漱用品。

4. 在日常购物时，请购买或者使用印有中国环境标志、循环再生标志、中国节能认证标志的商品。

第五章

垃圾分类之后的那些事

生活垃圾分类后会如何处理？

上海市确定生活垃圾分类类别时，已经考虑后续资源化利用渠道及分类处理可行性、合理性。生活垃圾分类投放是为后续的分类收集、运输、处置或资源化利用做准备，并不只是将垃圾分类而已，从源头到后续的垃圾处理都有一系列的保障措施，上海市建立**分类投放、分类收集、分类运输、分类处置**的全程分类体系。

可回收物如何收运和处置？

日常生活中产生的废玻璃、废金属、废织物等可回收物，我们可以卖给废品回收企业，或投放到可回收物收集容器中。目前上海市正在推进的"两网融合"服务站点建设，也为可回收物的投放和收运提供便利。

有害垃圾如何收运和处置？

日常生活中产生的废电池、废灯管、废药品、废油漆桶等有害垃圾投放到有害垃圾收集容器后，专用的收集车将其运输到中转站进行分拣，再运输到相应的处理厂进行处理。目前上海市各区都已经建设了有害垃圾暂存点。

湿垃圾如何收运和处置？

日常生活中的剩菜剩饭、瓜皮果核、花卉绿植、肉类碎骨等都属于湿垃圾，需要投放到湿垃圾专用收集容器中。上海市区的湿垃圾被运送至大型集中式湿垃圾处理厂，郊区的湿垃圾按照"就地就近、一镇一站"原则进行处理。收运环节全部采用湿垃圾专用运输车，实现日产日清。

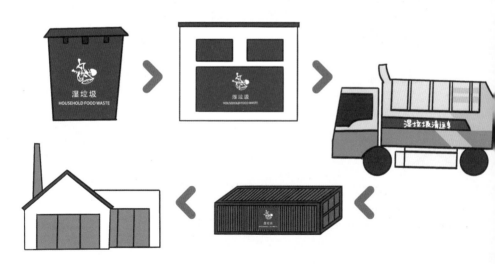

干垃圾如何收运和处置？

除了有害垃圾、可回收物和湿垃圾之外的其他生活垃圾，全都投放到干垃圾收集容器中，由干垃圾专用车辆运输，实现日产日清。上海市已经建成全国唯一的生活垃圾内河集装化转运系统，市区每天有 7000 吨生活垃圾通过集装箱运输船，运到老港固体废弃物综合利用基地进行填埋和焚烧。

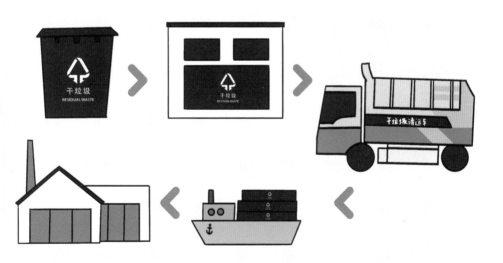

如果市民们对某类物品的类别归属不清楚，该怎么办？

目前，"上海发布"联合市绿化和市容管理局开发的垃圾分类查询功能已经上线。如果对生活垃圾分类有困惑，可以打开"上海发布"微信公众号，选择"市政大厅"中的"垃圾分类查询"，输入查询对象的名称，就能得到参考信息。如果您无法查询到垃圾类别，建议投放到干垃圾收集容器。

餐饮服务、单位供餐等活动中产生的餐厨垃圾和餐厨废弃油脂，也和家庭餐厨废弃物一样处理吗？

不一样，餐饮服务单位应当单独投放至餐厨垃圾和餐厨废弃油脂收集容器，经分类收集、运输后实行资源化利用。

餐厨垃圾

餐厨废弃油脂

垃圾不分类投放会被**处罚**吗?

《**上海市生活垃圾管理条例**》2019 年 7 月 1 日起施行,分类投放行为规定是《条例》的重点内容,单位和个人必须履行分类投放义务,未履行义务应当承担法律责任。

《条例》规定,单位未将生活垃圾分别投放至相应收集容器的,由城管执法部门责令立即改正;拒不改正的,处五千元以上五万元以下罚款。

个人将有害垃圾与可回收物、湿垃圾、干垃圾混合投放,或者将湿垃圾与可回收物、干垃圾混合投放的,由城管执法部门责令改正;拒不改正的,处五十元以上二百元以下罚款。

附录

生活垃圾分类目录

类 别	材质说明及主要品种		国家标准中有关内容
可回收物 （本类别物品应 保证清洁度）	废纸张	旧报书本、箱板纸（旧纸板箱）、废纸塑铝复合包装、其它废纸张	用于纸盒、纸箱和纸浆模塑等制品。在标志下方可标注"纸"。
	废塑料	PET 瓶、塑料包装物、其它废塑料	一般塑料包装回收标志按 GB/T16288—2008 附录 A 标示代号和缩略语。常用塑料代号和缩略语为：聚对苯二甲酸乙二醇酯 01 PET，高密度聚乙烯 02 PE-HD，聚氯乙烯 03 PVC，低密度聚乙烯 04 PE-LD，聚丙烯 05 PP，聚苯乙烯 06 PS。
	废玻璃制品	平板玻璃、瓶料玻璃、其它废玻璃制品	
	废金属	黑色金属（废钢、废铁）、有色金属（废铜、废铝、废锡、废不锈钢）、其它金属（包括稀贵金属）	分别为铁和铝的标志，在标志下方可分别标注"铁"和"铝"。
	废织物	旧衣服、旧棉被、其它废织物	
有害垃圾	废镍镉电池和废氧化汞电池		危险废物类别及代码 HW49、900-044-49
	废荧光灯管		危险废物类别及代码 HW29、900-023-29
	废药品及其包装物		危险废物类别及代码 HW03、900-002-03
	废油漆和溶剂及其包装物		危险废物类别及代码 HW49、900-041-49
	废矿物油及其包装物		危险废物类别及代码 HW08、900-249-08
	废含汞温度计、废含汞血压计		危险废物类别及代码 HW29、900-024-29
	废杀虫剂、消毒剂及其包装物		危险废物类别及代码 HW49、900-041-49
	废胶片及废相纸		危险废物类别及代码 HW16、900-019-16
湿垃圾 （本类别中列举 物品均包含食用 前、后物态）	食材废料		
	剩菜剩饭		
	过期食品		
	瓜皮果核		
	花卉绿植		
	中药药渣		
干垃圾	除上述三类外的垃圾，类别分辨不清的垃圾。		

常见物品分类列举

类别	实物列举
可回收物	废纸张：纸板箱、报纸、废弃书本、快递纸袋、打印纸、信封、广告单、纸塑铝复合包装（利乐包）…… 废塑料：食品与日用品塑料瓶罐及瓶盖（饮料瓶、奶瓶、洗发水瓶、乳液罐）、食用油桶、塑料碗（盆）、塑料盒子（食品保鲜盒、收纳盒）、塑料玩具（塑料积木、塑料模型）、塑料衣架、施工安全帽、PE塑料、pvc、亚克力板、塑料卡片、密胺餐具、kt板、泡沫（泡沫塑料、水果网套）…… 废玻璃制品：食品及日用品玻璃瓶罐（调料瓶、酒瓶、化妆品瓶）、玻璃杯、窗玻璃、玻璃制品（放大镜、玻璃摆件）、碎玻璃…… 废金属：金属瓶罐（易拉罐、食品罐/桶）、金属厨具（菜刀、锅）、金属工具（刀片、指甲剪、螺丝刀）、金属制品（铁钉、铁皮、铝箔）…… 废织物：旧衣服、床单、枕头、棉被、皮鞋、毛绒玩具（布偶）、棉袄、包、皮带、丝绸制品…… 其它：电路板（主板、内存条）、充电宝、电线、插头、木制品（积木、砧板）……
有害垃圾	废镍镉电池和废氧化汞电池：充电电池、镉镍电池、铅酸电池、蓄电池、纽扣电池 废荧光灯管：荧光（日光）灯管、卤素灯 废药品及其包装物：过期药物、药物胶囊、药片、药品内包装 废油漆和溶剂及其包装物：废油漆桶、染发剂壳、过期的指甲油、洗甲水 废矿物油及其包装物 废含汞温度计、废含汞血压计：水银血压计、水银体温计、水银温度计 废杀虫剂及其包装：老鼠药（毒鼠强）、杀虫喷雾罐 废胶片及废相纸：x光片等感光胶片、相片底片
湿垃圾	食材废料：谷物及其加工食品（米、米饭、面、面包、豆类）、肉蛋及其加工食品（鸡、鸭、猪、牛、羊肉、蛋、动物内脏、腊肉、午餐肉、蛋壳）、水产及其加工食品（鱼、鱼鳞、虾、虾壳、鱿鱼）、蔬菜（绿叶菜、根茎蔬菜、菌菇）、调料、酱料…… 剩菜剩饭：火锅汤底（沥干后的固体废弃物）、鱼骨、碎骨、茶叶渣、咖啡渣…… 过期食品：糕饼、糖果、风干食品（肉干、红枣、中药材）、粉末类食品（冲泡饮料、面粉）、宠物饲料…… 瓜皮果核：水果果肉（椰子肉）、水果果皮（西瓜皮、桔子皮、苹果皮）、水果茎枝（葡萄枝）、果实（西瓜籽）…… 花卉植物：家养绿植、花卉、花瓣、枝叶…… 中药药渣 ……
干垃圾	餐巾纸、卫生间用纸、尿不湿、猫砂、狗尿垫、污损纸张、烟蒂、干燥剂 污损塑料、尼龙制品、编织袋、防碎气泡膜 大骨头、硬贝壳、硬果壳（椰子壳、榴莲壳、核桃壳、玉米衣、甘蔗皮）、硬果实（榴莲核、菠萝蜜核） 毛发、灰土、炉渣、橡皮泥、太空沙、带胶制品（胶水、胶带）、花盆、毛巾 一次性餐具、镜子、陶瓷制品、竹制品（竹篮、竹筷、牙签） 成分复杂的制品（伞、笔、眼镜、打火机） ……

一般可回收物列举

品类	常见实物
废纸张	纸板箱、报纸、废弃书本、快递纸袋、打印纸、信封、广告单……
废塑料	食用油桶、塑料碗（盆）、塑料盒子（食品保鲜盒、收纳盒）、塑料衣架、施工安全帽、PE塑料、pvc、亚克力板、塑料卡片、密胺餐具、kt板……
废玻璃制品	窗玻璃等平板玻璃……
废金属	金属瓶罐（易拉罐、食品罐/桶）、金属厨具（菜刀、锅）、金属工具（刀片、指甲剪、螺丝刀）、金属制品（铁钉、铁皮、铝箔）……
废织物	棉被、包、皮带、丝绸制品……
复合材料类及其它	电路板（主板、内存条）、充电宝、电线、插头、手机、电话机、电饭煲、U盘、遥控器、照相机……

低价值可回收物列举

品类	常见实物
废纸张	纸塑铝复合包装（利乐包）、食品外包装盒、购物袋、皮鞋盒等。
废塑料	塑料包装盒、泡沫塑料、塑料玩具（塑料积木、塑料模型）等。
废玻璃制品	碎玻璃、食品及日用品玻璃瓶罐（调料瓶、酒瓶、化妆品瓶）、玻璃杯、玻璃制品（放大镜、玻璃摆件）等。
废织物	衣物（外穿）、裤子（外穿）、床上用品（床单、枕头）、鞋、毛绒玩具（布偶）等。
废木类	小型木制品（积木、砧板）等。

不宜列入可回收物的垃圾品种

品类	常见实物
纸类	污损纸张、餐巾纸、卫生间用纸、湿巾、一次性纸杯、厨房纸等。
塑料类	污损的塑料袋、一次性手套、沾有油污的一次性塑料饭盒等。
玻璃类	玻璃钢制品等。
金属类	缝衣针（零星）、回形针（零星）等。
织物类	内衣、丝袜等。
复合材料类	镜子、笔、眼镜、打火机、橡皮泥等。
其它	陶瓷制品（碎陶瓷碗、盆）、竹制品（竹篮、竹筷、牙签）、一次性筷子、隐形眼镜（美瞳）、棉签等。

图书在版编目(CIP)数据

垃圾分类市民读本/上海东方宣传教育服务中心编
. —上海:上海人民出版社,2019
ISBN 978 - 7 - 208 - 15865 - 8

Ⅰ. ①垃… Ⅱ. ①上… Ⅲ. ①垃圾处理-普及读物
Ⅳ. ①X705 - 49

中国版本图书馆 CIP 数据核字(2019)第 092309 号

责任编辑 秦 堃 冯 静
插图、装帧设计 于晓洁
美术编辑 夏 芳

垃圾分类市民读本
上海东方宣传教育服务中心 编

出　　版　上海人民出版社
　　　　　(201101 上海市闵行区号景路 159 弄 C 座)
发　　行　上海人民出版社发行中心
印　　刷　上海中华印刷有限公司
开　　本　635×965 1/16
印　　张　7
字　　数　50,000
版　　次　2019 年 5 月第 1 版
印　　次　2021 年 10 月第 5 次印刷
ISBN 978 - 7 - 208 - 15865 - 8/D · 3414
定　　价　35.00 元